Sitzungsberichte
der Heidelberger Akademie der Wissenschaften
Mathematisch-naturwissenschaftliche Klasse
Jahrgang 1931. 5. Abhandlung

Die Stetigkeit in der absoluten Geometrie

von

Arnold Schmidt
in Göttingen

Vorgelegt von Artur Rosenthal
in der Sitzung am 26. Juni 1931

Berlin und Leipzig 1931
Walter de Gruyter & Co.
vormals G. J. Göschen'sche Verlagshandlung / J. Guttentag, Verlagsbuchhandlung / Georg Reimer / Karl J. Trübner / Veit & Comp.

Archiv-Nr. 52 04 31

Druck von Walter de Gruyter & Co., Berlin W. 10

Zu der in den „Sitzungsberichten der Heidelberger Akademie der Wissenschaften“ erschienenen Abhandlung von Herrn R. Baldus: „Zur Axiomatik der Geometrie III“ [1]) seien einige Bemerkungen gemacht. Es seien zunächst einige kurze Bezeichnungen verabredet:

Eine Geometrie, deren Punkte sich auf einer Geraden im Sinne der Zwischenbeziehung linear derart anordnen lassen, daß zwischen je zwei Punkten ein weiterer liegt, in der die Hilbertschen linearen Kongruenzaxiome (in der neuesten Fassung) gelten und die Streckenabtragung eindeutig ist (d. h. in der die Hilbertschen linearen Axiome der Gruppen I—III in der ursprünglichen Fassung gelten), heiße eine *lineare metrische Geometrie.* Eine Geometrie, deren sämtliche Punkte in einer Ebene liegen und in der die Hilbertschen Axiome I 1—3, II, III (in der neuesten Fassung) gelten, heiße eine *ebene metrische Geometrie.* Eine Geometrie, in der alle Hilbertschen Axiome I—III gelten, heiße eine *räumliche metrische Geometrie.* Die linearen, ebenen und räumlichen metrischen Geometrien seien unter dem Namen *metrische Geometrien* zusammengefaßt. Gilt in einer metrischen Geometrie das Archimedische Axiom, so heiße sie *archimedisch.*

1. Im zweiten Teil der genannten Arbeit wird ein Satz B bewiesen, der sich mit den hier eingeführten Bezeichnungen wie folgt formulieren läßt:

In jeder archimedischen Geometrie konvergieren die Längen einer Folge von Strecken, deren jede auf der vorhergehenden liegt, gegen Null, sobald es keine Strecke gibt, die auf allen Strecken der Folge liegt.

Dieser Satz läßt sich auch so beweisen. In jeder metrischen Geometrie sind Strecken auf ihre Größen hin vergleichbar. Weiter lassen sich „linke“ und „rechte“ Streckenendpunkte unterscheiden.

[1]) Math.-naturw. Klasse, Jahrg. 1930, 5. Abhandlung.

Die linken Streckenendpunkte der gegebenen Folge seien mit A_ν, die rechten mit B_ν bezeichnet.

Auf einer vorgelegten Strecke der Länge s liegt mindestens ein Punkt; die nichtgrößere der durch ihn abgeteilten Teilstrecken besitzt eine Länge $t \leqq \frac{s}{2}$. Die Strecke $A_1 B_1$ läßt sich mit endlich vielen aneinandergrenzenden Intervallen der Länge t überdecken. Unter denjenigen Teilpunkten einer so entstehenden Unterteilung $\mathfrak{U}$ der Strecke $A_1 B_1$, die von der monoton nach rechts gehenden (B_1 nicht überschreitenden) Punktfolge A_ν überschritten werden, ist einer am weitesten rechts gelegen. Dieser ist linker Endpunkt eines Intervalls J_1 von $\mathfrak{U}$, in welchem von einem Index ν_1 ab alle A_ν liegen. Entsprechend ergibt sich die Existenz eines Intervalls J_2 von $\mathfrak{U}$, in dem von einem Index ν_2 ab alle B_ν liegen. Zwischen J_1 und J_2 kann kein weiteres Intervall von $\mathfrak{U}$ liegen, da ein solches in allen Strecken $A_\nu B_\nu$ enthalten wäre. Vom größeren der beiden Indizes ν_1, ν_2 ab haben mithin alle Strecken $A_\nu B_\nu$ eine Länge, die kleiner als $2t \leqq s$ ist.

2. Ebenfalls im zweiten Teil der Abhandlung „Zur Axiomatik der Geometrie III“ wird eine topologische Fassung des CANTORschen Axioms gebracht, die hier in folgender Weise formuliert sei [1]):

Liegt jede Strecke einer Streckenfolge auf der vorhergehenden Strecke, so gibt es einen Punkt, der auf allen Strecken der Folge liegt.

Es gilt nun der Satz:

In jeder metrischen Geometrie ist die topologische Fassung des Cantorschen Axioms äquivalent mit dem folgenden Axiomenpaar:

a) CANTORsches Axiom in der üblichen (metrischen) Fassung: *Liegt jede Strecke einer Streckenfolge auf der vorhergehenden Strecke und konvergieren die Längen der Strecken gegen Null, so gibt es einen Punkt, der auf allen Strecken liegt;*

b) *Gibt es zu einer Streckenfolge, deren jede Strecke auf der vorhergehenden liegt, keine Strecke, die auf allen Strecken der Folge liegt, so konvergieren die Längen der Strecken dieser Folge gegen Null.*

---

[1]) Diese Formulierung ist äquivalent der BALDUSschen Formulierung: „Liegt in einer Geraden eine unendliche Folge von Strecken $A_\nu B_\nu$ derart, daß jede dieser Strecken ihre Endpunkte innerhalb der vorhergehenden hat und daß es keine Strecke gibt, die innerhalb aller Strecken $A_\nu B_\nu$ liegt, dann gibt es einen Punkt, der innerhalb aller Strecken $A_\nu B_\nu$ liegt.“

Zunächst ist evident, daß aus den beiden letztgenannten Axiomen die topologische Fassung folgt.

Beweis der Umkehrung. Auf einer Geraden g sei eine Streckenfolge vorgelegt, deren jede Strecke auf der vorhergehenden liegt und zu der es keine Strecke gibt, die auf allen Strecken der Folge liegt. Wie vorhin (Nr. 1) seien die linken Streckenendpunkte mit A_ν, die rechten mit B_ν bezeichnet. Zu irgendeiner vorgelegten Länge s sei wie vorhin eine Länge $t \leqq \frac{s}{2}$ ermittelt. Auf Grund der topologischen Fassung des CANTORschen Axioms gibt es einen Punkt C, der auf allen Strecken der Folge liegt. Von C aus werde auf g nach beiden Seiten t abgetragen; da keine der beiden hierdurch bestimmten Strecken auf allen Strecken der Folge liegt, enthält die linke Strecke von einem gewissen Index ab alle A_ν, die rechte von einem Index ab alle B_ν. Daher sind vom größeren dieser beiden Indizes ab alle Strecken $A_\nu B_\nu$ kleiner als s.

Man kann den hiermit bewiesenen Satz auch so formulieren:

Ist in irgendeiner metrischen Geometrie die topologische Fassung des Cantorschen Axioms gültig, so ist ihre Prämisse derjenigen der üblichen Fassung äquivalent[1]).

Der obige Beweis in Verbindung mit dem der Nr. 1 liefert die BALDUSsche Behauptung wieder, daß in einer archimedischen Geometrie die topologische Fassung des CANTORschen Axioms der metrischen äquivalent sei. Zur Auswertung dieser Äquivalenz ist zu bemerken:

In der letzten Fußnote der BALDUSschen Abhandlung wird gesagt, die neue (topologische) Fassung des CANTORschen Axioms fordere weniger als die übliche; denn aus der Eigenschaft einer Streckenfolge „die Längen konvergieren gegen Null" folge die andere Eigenschaft „es gibt keine Strecke, die auf allen Strecken der Folge liegt", nicht aber umgekehrt. Damit ist jedoch gerade gezeigt, daß die topologische Fassung *mehr* fordert (was übrigens bei der hier gegebenen Formulierung der beiden Fassungen evident ist). Es bleibt daher auch noch unentschieden, ob nicht in einer linearen, ebenen oder räumlichen metrischen Geometrie aus

[1]) Ich verdanke Herrn Professor BERNAYS den Hinweis, daß der Satz, den ich ursprünglich in dieser Weise formuliert hatte, sich auch wie weiter oben angegeben als Äquivalenz von Axiomen aussprechen läßt.

der *topologischen* Fassung des CANTORschen Axioms [1]) das Archimedische Axiom folgt [2]).

3. Der erste Teil der Abhandlung „Zur Axiomatik der Geometrie III" ist der Frage der Zurückführbarkeit des Archimedischen Axioms auf zwei engere Axiome gewidmet, die hier als erstes bzw. zweites engeres Archimedisches Axiom bezeichnet seien:

Es gibt eine Strecke, zu der sich jede kleinere archimedisch verhält;

Es gibt eine Strecke, die sich zu jeder größeren archimedisch verhält.

Bei der Besprechung der Rolle dieser Axiome in der VERONESEschen, aus abzählbar vielen Geraden bestehenden linearen nichtarchimedischen Geometrie findet sich a: a. O. ein Irrtum. Die dort als Strecken der zweiten Art bezeichneten Strecken sind bei keiner Wahl der Einheitsstrecke unendlich klein; und es gibt, wenn eine Strecke der zweiten Art endlich ist, keine unendlich großen Strecken auf der Geraden.

Nachdem dort weiter bewiesen worden ist, daß sich in einer ebenen oder räumlichen metrischen Geometrie das volle Archimedische Axiom auf das *erste* engere Archimedische Axiom zurückführen läßt, erwähnt Herr BALDUS (wie auch bereits in der Ab-

---

[1]) Daß das Archimedische Axiom von den linearen, *ebenen und räumlichen* Axiomen der Gruppen I – IV und der *metrischen* Fassung des CANTORschen Axioms unabhängig ist, ergibt sich nach BERNAYS aus einer nichtarchimedischen Geometrie, die von HILBERT in verschiedenen Vorlesungen gebracht wurde. Dieser Geometrie liegt der Körper zugrunde, den die Potenzreihen $\sum_{\nu=0}^{\infty} a_\nu\, t^{n+\nu}$ mit ganzem Anfangsexponenten $n\,(\gtreqless 0)$ und reellen Koeffizienten a_ν bilden, wenn die Rechenoperationen formal (ohne Rücksicht auf Konvergenz) ausgeführt werden. Gehören u und v zum Körper, so gehört auch $|\sqrt{u^2+v^2}|$ zum Körper. Für zwei Potenzreihen u, v gilt $u > v$, wenn der Anfangskoeffizient von $u - v$ positiv ist. – Aus diesem Körper läßt sich auf die in HILBERT: „Grundlagen der Geometrie", § 9, beschriebene Weise eine räumliche Geometrie aufbauen. In ihr gelten *alle* Axiome der Gruppen I – IV *und das metrische Cantorsche Axiom*; dagegen gibt es zu jeder Strecke s eine größere und eine kleinere, die sich zu s nichtarchimedisch verhalten. Somit sind auch die (in Nr. 3 aufgeführten) ‚engeren Archimedischen Axiome' von den Axiomen I – IV und dem metrischen Cantorschen Axiom unabhängig.

[2]) Wie mir Herr Professor BALDUS bei Einsicht dieser Note mitteilt, hat er den im Texte des letzten Absatzes von Nr. 2 ausgeführten Tatbestand bereits selbst bemerkt.

handlung „Zur Axiomatik der Geometrie II" [1]), die entsprechende Zurückführung auf das *zweite* engere Archimedische Axiom sei ihm bislang nicht gelungen. Diese Zurückführung ist tatsächlich unmöglich, wie man mit Hilfe der von DEHN s. Zt. unter anderen Gesichtspunkten behandelten semi-euklidischen Geometrie [2]) erkennt. DEHN zeigte, daß in dieser Geometrie die linearen und ebenen Axiome der Gruppen I—III gelten. Die Einheitsstrecke dieser Geometrie verhält sich nun zu jeder größeren Strecke archimedisch, hingegen verhält sich eine Strecke der Länge $\frac{1}{t}$ nicht zur Einheitsstrecke archimedisch. (Die Übertragung der von DEHN angegebenen semi-euklidischen Geometrie auf den Raum ist trivial.) Mithin gilt:

In einer ebenen oder räumlichen metrischen Geometrie ist das Archimedische Axiom noch unabhängig von dem engeren Axiom: Es gibt eine Strecke, die sich zu jeder größeren archimedisch verhält.

Bezeichnet man jede (ebene oder räumliche) metrische Geometrie, in der das Parallelenaxiom nicht gilt, in der aber die Winkelsumme eines Dreiecks einen gestreckten Winkel ausmacht, als semieuklidisch, so gilt das *erste* engere Archimedische Axiom in *keiner* semi-euklidischen Geometrie [3]). Dieses zieht nämlich nach

---

[1]) Atti d. Congresso int. d. Mat. Bologna 1928, Bd. IV 1931.

[2]) M. DEHN, Die LEGENDREschen Sätze über die Winkelsumme im Dreieck, § 9; Math. Ann. Bd. 53.

[3]) Wie sich nach Abfassung dieser Note in einem Gespräch mit Herrn Professor BERNAYS herausstellte, gilt dagegen nicht der entsprechende Satz, daß *jede* semi-euklidische Geometrie das *zweite* engere Archimedische Axiom erfülle. Ein Körper möge bestehen aus allen Potenzreihen $\sum_{\nu=0}^{\infty} T_\nu s^{n+\nu}$ mit ganzem Anfangsexponenten n, deren Koeffizienten T_ν ihrerseits Potenzreihen der Form $\sum_{\mu=0}^{\infty} a_\mu t^{n+\mu}$ mit ganzem Anfangsexponenten m und reellen Koeffizienten a_μ sind. Die Rechenoperationen werden wieder in evidenter Weise rein formal ausgeführt. Mit u und v gehört wiederum $\left|\sqrt{u^2 + v^2}\right|$ zum Körper. Für zwei nach Potenzen von s steigende Potenzreihen u, v gilt $u > v$, wenn der Anfangskoeffizient der ersten in $u - v$ auftretenden nach Potenzen von t steigenden Potenzreihe positiv ist. Aus diesem Zahlensystem (das dem der HILBERTschen nichtpascalschen Geometrie ähnelt) läßt sich auf die bereits in Fußnote 1 der vorigen Seite zitierte Weise eine Geometrie aufbauen, in der alle HILBERTschen Axiome der Gruppen I – IV erfüllt sind und mithin die Winkel eines Dreiecks einen Gestreckten ausmachen. Ähnlich wie in der DEHNschen semi-euklidischen Geometrie schließt man nunmehr ohne Störung der Axiome I – III alle diejenigen

Baldus das volle Archimedische Axiom nach sich, mit dessen Hilfe aus der Voraussetzung über die Winkelsumme im Dreieck das Parallelenaxiom folgt.

Göttingen, im März 1931.

Punkte aus, die eine Koordinate besitzen, welche durch keine in t steigende Potenzreihe T überschritten wird. Zu einer Strecke u der so entstandenen semi-euklidischen Geometrie läßt sich unschwer eine größere angeben, zu der sich u nichtarchimedisch verhält.

MIX
Papier | Fördert gute Waldnutzung
FSC® C083411

Zeitfracht Medien GmbH
Ferdinand-Jühlke-Straße 7
99095 Erfurt, Deutschland
produktsicherheit@kolibri360.de